LETTRES
SUR
LES SCIENCES
ET SUR
LES ARTS.

A PARIS,
Chez JEAN RICOEUR, Quay des Augustins, à l'Image Saint Augustin.

M. DCC. IV.

AVEC PERMISSION.

LETTRES SUR LES SCIENCES ET SUR LES ARTS.

I. LETTRE.

Sur la nature & l'usage de l'Eloquence.

VOICY bien des dissertations sur l'Eloquence, Monsieur. Les uns la condamnent comme une peste publique ; les autres en font toute la force & toute la beauté de l'esprit.

Tous, si je ne me trompe, manquent également d'exactitude dans leurs idées.

La Rhetorique, non plus que la Dialectique, n'est point une science particuliere ; c'est la methode d'étendre & de figurer des raisonnemens, comme la Dialectique est la methode de les former & de les arranger : elles dépendent l'une & l'autre des notions qui regardent la morale & toute la vie humaine. Remplissez un esprit de toutes les regles de la Dialectique, elles seront en lui sans effet, s'il ignore ce qui regarde l'homme en particulier, & la nature en general. En vain l'on prétendroit raisonner sur ce que l'on ne connoît pas exactement. Remplissez ce même esprit de tous les preceptes de la Rhetorique, il ne pourra les mettre en œuvre, s'il n'a des notions distinctes qu'il puisse étendre & representer sous des mouvemens affectifs & sous des images vives. Il fera des figures, mais il ne raisonnera pas ; il employera des termes & des expressions, mais elles n'exprimeront rien de tout ce que demande l'entendement ; ses discours seront des cadavres d'éloquence, un pur langage de sophiste.

C'est cet abus si frequent dans le monde qu'apparemment l'on a voulu condamner en censurant l'Eloquence. Les censeurs voyent tous les jours une foule d'hommes hardis prêcher pompeusement la Religion & la morale : ils s'apperçoivent que tant d'Orateurs n'ont point de notions distinctes sur les sciences dont ils discourent ; que dans un sujet ils en amenent plusieurs autres ; qu'ils font des preuves de nouvelles difficultez ; qu'ils s'évaporent en exagerations hors d'œuvre. Ils les regardent comme d'importuns declamateurs ; ils les plaignent comme des esprits vuides, qui font parade d'une vaine écorce : ils plaignent de même les auditeurs qui sont ébloüis & entraînez par de simples mouvemens, par des figures & des images sous lesquelles il n'y a rien de réel : ils preferent des veritez toutes nuës, ou exposées avec simplicité, à ce *ma-*

vége qui ne sert qu'à couvrir une profonde ignorance, & qui ne contribuë en rien à perfectionner l'esprit & à reformer les mœurs : en un mot ils veulent, quoi qu'ils ne s'en expliquent pas nettement, que l'Orateur soit un Philosophe instruit en toutes sortes de matieres, rempli d'idées distinctes sur toutes sortes de sujets, & qui connoisse si bien l'homme, qu'il ne manque jamais de lui faire sentir la solidité du bon parti, de l'éclairer & de l'instruire. Jusques-là ils n'ont pas tort. Mais il s'agit de déterminer quelles mesures doit prendre le Philosophe pour persuader & faire goûter la verité à toutes sortes de personnes.

Pendant qu'il ne parle qu'à des hommes qui veulent étudier par principes, & démêler les idées pures d'avec les idées confuses, le réel d'avec les phantômes de l'imagination, il ne doit raisonner que de la maniere la plus simple. Toutes ses demonstrations doivent être serrées, il doit tout reduire sous la forme syllogistique. C'est le goût de ceux qui cherchent la science ; on ne les contente point, & on ne les éclaire point par une autre voye.

Mais s'il doit parler à un peuple, qui d'ordinaire ne fait usage que de ses sens, & qui ne trouve point de prise sur les notions pures de l'esprit; c'est alors qu'il doit étendre ses raisonnemens, & les revêtir de mille images sensibles : il doit choisir & figurer les termes ; il doit donner mille tours differens à ses expressions; il doit enrichir de similitudes & de comparaisons tout ce qui fait la force de son discours ; il doit le soûtenir par une suite de mouvemens reglez. C'est là que l'on découvre le naturel de l'Eloquence & les qualitez de l'Orateur. La matiere bien prise, & les principes bien établis amenent naturellement les figures & l'action; mais il faut qu'il soit aidé de la fecondité du genie & d'une imagination brillante : il faut qu'il soit encore aidé de l'experience qui doit lui avoir appris le caractere dominant dans ceux à qui il porte la parole. Car c'est par cette connoissance qu'il prend les formes necessaires pour gagner les esprits, & qu'il sçait réveiller à propos ces traces principales, d'où dépend une infinité d'autres traces qu'on appelle *accessoires*, dont le renouvellement produit tous les grands effets qu'on attribuë à l'Eloquence. C'est même en cela que consiste toute la delicatesse de l'art, qui par cette raison suppose la connoissance de la Physique.

Qui pourroit nier que tout cet appareil est necessaire pour gagner & pour convaincre la multitude ? Mais qui peut nier aussi qu'il demande dans l'Orateur la connoissance distincte des veritez, la solidité des principes, la force du raisonnement ? Et qui peut nier que tout cela ne soit la suite d'une Philosophie exacte, & qui s'étend à tout ? Sans cette Philosophie, où est l'Orateur qui puisse être persuadé de ce qu'il debite ? & s'il n'est pas persuadé, comment pourroit-il persuader les autres ?

Remarquez bien ceci : l'on ne perſuade d'une conviction interieure & effective qu'autant que l'on eſt perſuadé ſoi-même. L'on ne peut être perſuadé intimement qu'autant que la raiſon force l'eſprit. Donc l'on ne perſuade en effet qu'autant que l'on raiſonne ſolidement, & que le diſcours coule de ſource & d'un cœur entierement penetré. L'auditeur ne diſtinguera pas la force des raiſons, mais il la ſentira. La beauté des figures, la grandeur des mouvemens, la juſteſſe des comparaiſons le rendront appliqué ; mais ce ſera la verité qui l'enlevera. Poſez le même tour, les mêmes figures, les mêmes mouvemens ; ôtez la verité & la force des preuves, l'auditeur demeurera ſans conviction. Peut-être dira-t-il qu'il eſt perſuadé : mais dans le fonds il ne le ſera pas, il ſentira qu'il eſt ſeulement ébranlé ; la ſuite le manifeſtera.

Voici donc d'où dépend le diſcernement de l'Eloquence. La vraie Eloquence, celle qui eſt fondée en raisonnemens solides, produit toûjours de bons effets. La fausse Eloquence, qui n'est qu'un assemblage de mots & de figures, ne produit que de l'illusion ; elle laisse toûjours l'esprit dans les tenebres, & le cœur dans le dereglement.

C'est en gros ce que je puis vous dire sur cette matiere ; tout se reduit là. L'Orateur est un Philosophe qui étend & embellit ses raisonnemens. Ainsi bannissons l'Orateur qui n'a pas commencé par la Philosophie, & qui ne la cultive pas par des meditations continuelles. C'est un temeraire qui ne parle qu'au hazard : c'est un superbe qui se donne pour maître, & qui n'a pas encore commencé d'être disciple ; c'est un imbecile qui prend l'écorce pour la verité, & ce qui brille à l'imagination, pour ce qui est solide à l'esprit. Qu'il se déchaîne tant qu'il lui plaira contre la Philosophie, qu'il fasse le boufon sur les fausses idées qu'il s'en est faites, & sur les questions où il n'entend rien ; c'est un personnage digne de lui. Il sera toûjours vray que son éloquence dépourvûë de Philosophie n'est qu'une puerilité, & que c'est précisement parce qu'il n'est pas Philosophe, qu'il est impuissant Orateur. Je suis, &c.

II. LETTRE.

Sur les idées d'où dépend la veritable Eloquence.

JE vous ai dit, Monsieur, qu'il ne faut point d'éloquence, ni de brillant pour ceux qui demandent qu'on les conduise par des principes clairs & de justes consequences. L'Eloquence pour eux est dans la précision, dans les justes rapports, dans la liaison necessaire de la consequence au principe.

Quelques Auteurs ont dit que le bel art des Orateurs est comme un prestige, qui aveugle, affoiblit, enchaîne l'esprit, & en retrecit la capacité. C'eſt qu'en effet un eſprit qui eſt empêché de rechercher les rapports de ſon objet, eſt comme reſſerré dans des bornes fort étroites ; & c'eſt ce qui arrive aux plus excellens Philoſophes. Plus ils ont de diſpoſition à raiſonner exactement, & à diſcerner ce qui eſt exactement vray, moins ils ſe reconnoiſſent dans un étalage pompeux, parce que leur attention, d'où dépend l'exactitude du diſcernement, ſe trouve interrompuë.

Une foy vive & une ardente charité font encore dédaigner l'Eloquence dans ce qui regarde la Religion. Les hommes détachez du monde ſouffrent avec peine des beautez empruntées ſur des veritez plus belles pour eux que toutes les graces de la nature & de l'art : ils ne demandent qu'une expoſition ſimple des merveilles de la Providence ; de la grandeur des myſteres ; de la ſurabondance des miſericordes éternelles : ils trouvent l'Eloquence dans la ſimplicité, dans l'excluſion de tout ce qui brille : s'ils admettent des images dans le discours, ce sont celles dont Dieu lui-même est l'auteur ; celles qui sont l'ouvrage des hommes, leur paroissent étrangeres.

Mais comme il appartient à de tels hommes, instruits par une meditation profonde des veritez essentielles, d'instruire ceux qui n'ont pas les connoissances necessaires pour discerner le bon chemin ; ils doivent aussi employer pour les autres ce qu'ils ne demandent pas pour eux-mêmes. Ils sont Philosophes chrétiens ; cela suffit pour eux & pour ceux qui leur ressemblent : mais ils doivent être quelque chose de plus pour la multitude, pour le commun des hommes toûjours entraînez par le mauvais exemple, toûjours dissipez par les soins de la vie, toûjours occupez des biens temporels.

L'état de peuple est une source d'infirmitez. Des esprits abaissez par tant de travaux serviles ne peuvent pas s'élever aux idées pures : en vain on leur propose ce qui est abstrait ; comme ils sont assujettis aux sens & à l'imagination, ils vous assujettissent aussi à rendre sensibles les idées que vous leur proposez; & cette sensibilité dépend de mouvemens, de tropes, de figures dont les idées sont revêtuës.

Les idées pures se presentent à l'esprit en consequence d'une serieuse reflexion : les idées sensibles saisissent l'ame en consequence des impressions faites sur le cerveau ; elles ne vont point directement à l'intelligence, elles font comme un circuit pour y arriver ; elles passent, pour ainsi dire, par l'imagination ; ce sont des images & des idées tout ensemble : jonction d'images aux idées si necessaire, que sans elle l'esprit vulgaire ne recevroit aucune idée, & n'admettroit aucune verité capitale.

Mais vous voyez que la Providence ne nous manque pas au besoin, puisque dans la dépendance du sentiment où sont les hommes, elle tire du sentiment même les moyens de les attacher au vray, & de leur faire suivre la justice. Conduits par cette voye, ils ne comparent pas les veritez entre elles : mais le point eſt d'être convaincu, de goûter la vertu chrétienne, d[illegible]a preferer à tous les biens de la te[illegible] & il n'y a que le Philoſophe, le Philoſophe chrétien, dont l'éloquence puiſſe convaincre, & rendre la vertu aimable.

Peut-être y a-t-il des Philoſophes, qui tout munis qu'ils ſont de dialectique, & des notions neceſſaires pour raiſonner exactement ſur des matieres importantes, ne peuvent pas revêtir leurs penſées d'une maniere agreablement ſenſible. Que ceux-là demeurent dans leurs bornes ; qu'ils n'entrent en matiere qu'avec ceux qui veulent devenir Philoſophes, & qui demandent des raiſonnemens de la plus rigoureuſe exactitude. Mais il eſt toûjours certain qu'un Philoſophe exact, exercé dans tout ce que la Philoſophie embraſſe, conduit par de juſtes notions, & d'ailleurs d'une heureuſe conſtitution dans le ſang & dans le cerveau, non ſeulement trouvera matiere abondante ſur toutes ſortes de ſujets ; mais encore que tous les tropes, toutes les figures, toute l'élégance, toutes les images propres à gagner le vulgaire, couleront naturellement de son génie, elles en couleront, dis-je, pendant que le non Philosophe avec l'imagination la plus fertile & la plus brillante, se donnera la torture pour assembler des mots, & après bien des fatigues ne trouvera que le secret de parler à l'imagination, & point du tout ni à l'esprit ni au cœur, c'est-à-dire, de parler en l'air, & toûjours sans effet.

Cependant où sont ceux qui pour discourir sur les plus hautes veritez, font provision d'autre chose que de notions confuses & de tours d'imagination ? Tout marque dans les Orateurs ordinaires que l'avantage qu'ils ont au dessus du peuple, est dans l'imaginative ; & comme ils ne débitent que ce que tout le monde sçait comme eux, & simplement par oüi-dire, aussi laissent-ils toûjours le monde dans ses tenebres ; chacun suit toûjours les préjugez de la vie.

Combien en voyons-nous même qui

dans la confusion de leurs idées parlent confusément pour le vice & pour la vertu, qui préconisent l'orgueil avec l'Evangile, & bien-tôt aprés autorisent la volupté ? La convenance de leur langage avec le goût des hommes d'imagination, dont le nombre est infini, les fait regarder comme des hommes du premier ordre ; mais il n'en est pas moins vray que ce sont des hommes vulgaires, qui ne tireront jamais l'esprit de ses incertitudes naturelles.

J'ai dit, il est vray, qu'on ne peut instruire & gagner le peuple que par la voye des idées sensibles : mais il y a bien de la difference entre les idées sensibles que donne au peuple un Orateur veritablement Philosophe, & celles que lui donne un Poëte ou un Rheteur. Celui ci ne tirant tout ce qu'il dit que de l'imagination & des opinions communes, s'arrête à l'imagination, & ne passe jamais au de-là. Tous ceux qui l'écoutent, ou qui le lisent, n'en deviennent ni meilleurs, ni plus instruits : c'est toûjours l'opinion qui regne, la verité ne s'établit point. Mais le Philosophe toûjours conduit par l'intelligence, toûjours formant ses raisonnemens des idées les plus justes de la raison, donnant par ce moyen aux grandes veritez toute leur étenduë, & les mettant dans tout leur jour, penetre jusques à l'intelligence de ses auditeurs, y porte une lumiere qui les inquiete dans le mal, & qui leur fait goûter le bien. Ils ne paroissent plus ce qu'ils étoient, on les trouve tout changez, non pas pour un moment, mais constamment; ils sont confus de leurs premieres dispositions, ils ne veulent que ce qu'a conclu l'Orateur. C'est l'effet certain de la veritable Eloquence; tout discours oratoire qui ne produit pas cet effet, sur tout quand il s'agit des mœurs & de la pieté, est un discours de Rheteur qui declame sans s'entendre. Je suis, &c.

III. LET-

III. LETTRE.

De la ſcience, & de ſes effets dans l'Eloquence.

VOus ſçavez, Monſieur, que pluſieurs font conſiſter la ſcience dans un amas de faits & de paſſages d'Auteurs, établis dans une tête. C'eſt en avoir une fauſſe idée : la ſcience conſiſte dans un droit acquis ſur toutes les matieres, & dans la facilité de les traiter par principes.

Pendant qu'il ne s'agit que de deſcriptions, d'éloges, ou de portraits, il n'eſt pas neceſſaire que l'Orateur ſoit ſçavant; les tours d'imagination & les traces de ſon cerveau lui ſuffiſent. Dans ce cas l'eſprit n'agit que ſur elles : mais s'il eſt queſtion de quelque verité importante, il faut qu'il ſoit muni de connoiſſances diſtinctes, & qu'à la faveur d'une vive lumiere il apperçoive tous les rapports

de ſon ſujet : lumiere qui eſt la ſource des veritez morales, & le flambeau des Intelligences. Il faut que l'eſprit en tire ſes raiſons ; & pour leur donner toute la force & toute l'étenduë convenable, il faut qu'il ſoit inſtruit à fonds de tout ce qui regarde l'homme & toute la vie humaine.

L'on ne demande pas, comme ſe l'imaginent quelques Critiques trop prompts, qu'il faſſe un débit faſtueux de ſa ſcience ; mais on prétend qu'elle amenera l'abondance dans le diſcours, & qu'elle fera ſervir toute la nature à la fin qu'il ſe propoſe.

Repreſentons-nous, je vous prie, un Orateur qui connoît l'ordre de la nature ; qui en connoît les loix, & leurs effets ; qui ſçait les cauſes particulieres de ce qui ſe paſſe en lui, & dans le monde corporel : repreſentons-nous un autre Orateur qui n'ait jamais conſideré ni l'homme, ni le monde en lui-même ; qui ne ſoit jamais remonté des effets à leurs cauſes, ni deſcendu des cauſes à leurs effets par des notions pures & diſtinctes ;

mais qui ſoit ſeulement aidé des experiences qu'ont tous les hommes par le ſimple uſage de leurs ſens : lequel des deux ſera plus en état de parler efficacement ſur ce qui regarde l'homme, ſes devoirs & ſa religion ? Pour moi je m'imagine voir un pigmée auprès d'un geant ; & vous m'avouërez que pendant que l'un ne dit à ſes auditeurs que ce qu'ils ſçavent comme lui ; l'autre par ſes connoiſſances particulieres remuë dans les ſiens une infinité de reſſorts, dont le mouvement leur fait enviſager des objets qui les ſaiſiſſent, & auſquels ils ſont honteux de n'avoir pas aſſez penſé.

Enfin l'un ne perſuadera jamais, l'autre perſuadera toûjours. Celui-ci perſuade, parce que fondé en lumiere il va toûjours, quoique par des voyes détournées, & en amuſant, pour ainſi dire, l'imagination, il va toûjours à l'intelligence, d'où non ſeulement dépend la conviction interieure, mais d'où naiſſent encore ces paſſions ſalutaires qui ſont comme le contre-coup de la lumiere répanduë.

L'autre ne persuade point, parce que dépourvû de notions lumineuses il ne s'entend pas lui-même ; & que ne s'entendant pas, il ne peut débiter que des sons pour les oreilles & pour le cerveau : il laisse ses auditeurs dans la sterilité où il est lui-même. Si quelquefois il obtient quelque chose, on le lui accorde comme à un importun, dont on desire de se défaire.

Je suppose neanmoins que les esprits des auditeurs ne soient point emportez par la prévention, & que sans avoir pris parti, ils desirent uniquement connoître ce qui est vray. Dans cette situation le faux Orateur pourra les ébranler, mais le seul Orateur Philosophe les gagnera. Il peut arriver que l'éloquence de celui-ci ne fasse aucun effet sur d'autres auditeurs; mais c'est parce que la préoccupation les aura déja determinez : il peut arriver de même que celui-là soit applaudi & goûté ; mais c'est précisément parce qu'il aura favorisé le parti que l'on avoit déja pris, & que l'on ne vouloit pas quitter ; car la prévention &

l'entêtement changent tout. Cette maladie à part, l'on peut assurer que le peuple Chrétien n'allant à la Prédication que dans le desir de s'instruire & de suivre la verité reconnuë, le plus grand nombre se convertiroit, si nous n'avions que de veritables Orateurs.

L'on n'a donc pas eu peu raison de censurer l'Eloquence ordinaire de la Chaire, & de prétendre que sans le fondement de tout ce que la Philosophie embrasse sous la direction de la Foy, l'on ne peut être que superficiel Orateur, toûjours incapable de penetrer jusqu'à l'esprit & au fond de l'ame : incapacité d'où s'ensuit le peu de progrés de la Religion, l'indifference sur l'affaire du salut, le relâchement de la Morale, & presque l'extinction de la pieté. Pendant que l'on ne parlera qu'à l'imagination des hommes, & que l'on ne leur remuëra ni l'esprit ni le cœur, ils demeureront dans leurs vieilles habitudes, ils ne discerneront point la voye de la verité.

Nos Orateurs en conviennent; mais ils vous disent hardiment que les affections humaines leur sont connuës, & que le grand livre du monde où ils lisent tous les jours, leur suffit pour découvrir le chemin du cœur. Mais comment y lisent-ils dans ce grand livre du monde? Aveugles! qui ne voyent pas que pour connoître l'homme, & le mener où l'on veut, il faut connoître les loix selon lesquelles son auteur agit en lui, la liaison des sentimens de l'ame avec les impressions que le cerveau reçoit, la source des idées pures, la source des préjugez, les liens qui nous attachent à tout ce qui nous environne. Quel genre de connoissance est celui qui n'est pas fondé sur ces notions? Aveugles! qui ne voyent pas que d'avoir les yeux sur le grand livre du monde, n'est rien, si l'on ne sçait chercher les causes du bien & du mal qui s'y passe; & que pour découvrir ces causes, & les remedes convenables, il est necessaire que l'esprit soit toûjours élevé au dessus du sensible. Mais il est inutile de leur indiquer les routes de la verité : la mauvaise éducation, l'exemple, les préjugez leur en fermeront toûjours les avenuës ; & dans leurs tenebres l'orgueil leur persuadera toûjours qu'ils ont également l'art & la raison sous la main.

L'on me viendra dire sans doute, que les Apôtres & les Peres n'étoient point de ces Philosophes que je demande ; mais je répondrai que quoique la plûpart des Saints n'ayent pas discouru sur les premieres notions de l'esprit, tous leurs discours neanmoins se rapportent à ces notions. Ils étoient Philosophes par la grace, qui abrege bien le travail. Nos Orateurs peuvent le devenir par la même voye. Mais je serois d'avis qu'en attendant ce grand don, ils profitassent de tout ce que l'ordre naturel leur presente, & qu'ils fissent tout l'usage qu'il se peut faire de l'esprit. En un mot, que l'on nous donne des Pauls, des Augustins, des Athanases ; nous ne demandons pas d'autres Docteurs. Je suis, &c.

IV. LETTRE.

De la pratique de l'Eloquence.

VOus me demandez, Monsieur, si l'Eloquence n'est pas aussi necessaire dans le Barreau que dans la Chaire où l'on explique la morale de l'Evangile. Vous pouvez vous satisfaire vous-même en considerant que le Prédicateur parle à des hommes prévenus de mille erreurs, flatez par leur propre corruption, incertains sur les biens de l'ame, puissamment attirez vers les biens du corps, qui trouvent de la douceur dans leurs miseres; & que l'Avocat parle à des Juges qui n'ont autre interêt que de faire rendre à chacun ce qui lui appartient. Il est évident que selon le premier objet, il faut employer toute l'adresse imaginable. Ce sont des infirmes dont il faut détruire les préventions; ce sont des hommes délicats dont

dont il faut ménager l'amour propre; ce sont des hommes toûjours sensibles : tout l'art de l'Eloquence est nécessaire pour tromper leur imagination, & leur insinuer les véritez salutaires. Selon le second objet, tout cet art est superflu : ceux qui jugent des affaires civiles, sçavent les loix & les usages ; ils sont fixez à des maximes ; l'amour propre ne les sollicite ni pour un parti ni pour l'autre ; il suffit de leur exposer simplement le fait & ses circonstances ; & je croi que l'Eloquence employée devant eux, leur est en quelque façon injurieuse. Veut-on les émouvoir sur ce qui n'est pas juste ? veut-on les éblouïr, captiver leur entendement, les surprendre ? Et si on ne leur demande que la justice, quelle raison a-t-on de penser qu'ils ne la rendent pas sur la vérité connuë ? Sont-ce des imbécilles qu'une chûte de période, & un ordre de figures puissent déterminer ? Si cela étoit ainsi, où seroit l'avantage de la bonne cause ?

Voilà sur quoi il me semble qu'ils

n'auroient pas tort de se piquer. Lors qu'il s'agit de secourir un malade que la douleur accable, le medecin judicieux expose simplement la cause du mal, & les proportions du remede avec la cause. Lorsque dans un Conseil politique telle affaire demande une connoissance exacte & une décision promte, l'on ne s'avise pas d'employer l'art des Orateurs. Dans toutes les occasions où il y a des Juges ou des arbitres établis pour décider par connoissance de cause, l'Eloquence est un vain amusement. Aussi étoit-elle bannie des Tribunaux de la plus éclatante réputation. L'honneur public & l'interêt de la societé commune sollicitent suffisamment des Juges, l'amour propre se retrouve assez dans la justice de leurs jugemens, la corruption naturelle n'y met aucun obstacle. Mais dans l'affaire du salut où chacun est établi juge de soi-même, le malade aime son mal, le remede lui fait horreur, la sensualité le gagne, les passions le tyrannisent, l'imagination le gouverne. Pour tromper tant d'ennemis, & passer, pour ainsi dire, au travers, il faut couvrir d'Eloquence les véritez qui doivent rétablir l'entendement, & rappeller le cœur à son véritable objet. Une telle Eloquence n'a rien de commun avec cette sagesse humaine que des Philosophes Grecs vouloient faire triompher de la simplicité de l'Evangile. La sagesse des Grecs étoit un amas de raisons éblouissantes, & d'expressions pompeuses contre la sagesse essentielle.

L'Eloquence que j'appuye est un artifice charitable, qui n'a pour but que d'établir les vertus évangeliques: artifice toûjours saint dans cet usage; mais toûjours profane & illusoire, quand il ne s'agit pas des véritez du salut, & de ce qui s'y rapporte.

Vous m'avouerez qu'hors de ces véritez tout est petit, & que rien n'est plus vain que de donner pour grand ce qui n'est que vanité, & toûjours pure misere. Autant que la politesse & le tour insinuant sont nécessaires dans le commerce de la vie, autant l'Eloquence, selon l'idée que nous attachons à ce terme, est superfluë & importune dans tout ce qui se borne aux affaires temporelles.

Mais il ne suffit pas d'avoir discerné les matieres où elle peut être employée, il faut la sçavoir proportionner à l'Auditeur. Comme l'imagination varie dans les hommes selon les différences de l'éducation & des impressions reçûës, il faut aussi varier l'Eloquence selon le génie des nations & l'esprit des societez à qui l'on parle. L'Italien, l'Espagnol, le François demandent trois différentes sortes d'Eloquence : la Cour, la Ville & la Province n'en demandent pas moins. Le Villageois en veut aussi à sa maniere : par-tout mêmes véritez, par-tout différente Eloquence ; partout application aux traces dominantes, qui sont le centre des préventions ; par-tout changement de méthode pour réveiller par ces traces les accessoires qui s'y rapportent, ou pour renouveller par celles-ci les dominantes : toûjours pour cet effet employer des figures différentes, & prendre de nouveaux tours. C'est l'art d'amener l'auditeur au but que l'on se propose ; mais c'est un art que l'on n'acquiert que par une longue étude, & une aussi longue expérience. Je ne vous expliquerai pas tout ceci en détail : un peu de méditation vous instruira plus que tout ce que je vous pourrois dire. Je suis, &c.

V. LETTRE.

De l'usage des belles lettres dans l'Eloquence.

APrés vous avoir exposé mes sentimens sur l'Eloquence, je veux bien, Monsieur, puisque vous le souhaitez, vous marquer ce que je pense de tout ce qu'on appelle belles lettres. Ce que j'ai à vous dire là-dessus, dépend de ce que je vous ai déja écrit. L'Eloquence est necessaire par rapport aux gens du monde dans la prédication de l'Evangile : les belles lettres servent beaucoup à perfectionner l'Eloquence : donc les belles lettres peuvent être employées utilement pour l'honneur & le progrés de la Religion. Quelque fécondité de génie qu'ait un Philosophe, quelque beauté d'imagination que la nature lui ait donné, il trouvera encore dans la lecture des anciens Orateurs, des anciens Poëtes & Historiens, dequoi augmenter ses talens naturels.

L'usage du monde, les expériences de la vie, ausquelles on joint la réflexion, polissent l'esprit, & le déterminent à prendre les mesures propres pour se rendre traitable & insinuant. L'on trouve ces expériences & ces précautions dans les Homeres, dans les Hérodotes, dans les Plutarques, & dans les autres. L'on peut donc tirer de grands avantages de la lecture de ces Auteurs, non seulement pour parvenir à l'Eloquence, mais encore pour s'établir dans cette politesse que demande le commerce d'une vie raisonnable.

C'étoit dans cette vûë que les anciens Peres ont dit que nous devions nous servir des tours ingenieux & des pensées brillantes des Poëtes & Orateurs profanes, comme les Juifs se servirent des dépoüilles des Egyptiens pour l'ornement du Tabernacle. Et assurément c'est avoir l'esprit sauvage, & rapprocher de la barbarie, que de songer à proscrire ce que les Auteurs payens nous ont laissé; c'est outrer la Philosophie, & l'assujettir à une sécheresse qui n'est pardonnable au Philosophe que lors qu'il n'en peut sortir.

Nous voyons de grands abus dans l'usage des belles lettres; mais il ne faut pas s'en prendre à elles. C'est précisément la faute de ceux qui s'en nourrissent sans être munis des notions d'où dépend la solidité de l'esprit. Ils ne se sont point élevez au dessus du sensible; ils n'ont point essayé de la lumiere intellectuelle; ils sont remplis des préjugez de l'éducation commune, & dénuez d'idées distinctes: dans cet état ils étudient les langues, ils lisent avidement les Poëtes Grecs & Latins, les fables, les harangues, les histoires. Que peut-il arriver de-là, sinon que les préjugez se fortifient, & que l'imagination s'exalte, ne trouvant par-tout que ce qui la rafine?

Il s'ensuit aussi qu'ils font consister la science dans la chute & la rencontre des mots, dans la mesure, la cadence & l'harmonie des expressions, dans la facilité à faire des images par contre-coup de ce qui leur a frappé les sens, dans ce qui n'est que de memoire: & comme sur ce pied ils ne peuvent pas donner de la force à leurs discours, ni faire naître dans les autres cette lumiere qui convainc doucement & puissamment, nous voyons aussi qu'ils ne presentent que des ombres de raisonnemens, de purs phantômes qui s'évanoüissent, quand on les regarde de prés. Ce qu'il y a de plus étrange, c'est que le cœur suit d'ordinaire les préventions de l'esprit, & qu'ainsi le goût dominant des belles lettres, & le déreglement des mœurs vont ſouvent de compagnie.

Le remede à ces inconveniens eſt de ne ſe faire homme de belles lettres qu'aprés s'être fait Philoſophe. Il faut que l'intelligence regne ſur l'imagination : il faut que par-tout la Raiſon ſoit la maîtreſſe, & l'imagination la ſervante. Il faut donc auſſi s'être rendu familieres les idées pures & de perfection avant que de faire proviſion d'idées ſenſibles ; il faut s'être dreſſé au plus exact raiſonnement, & avoir connu la nature de tout ce qui ſe preſente à l'eſprit.

Nos Poëtes & nos Orateurs, dites-vous, ne raiſonnent-ils pas juſte ? Ne voit-on pas le bon ſens regner d'un bout à l'autre dans pluſieurs de leurs ouvrages ? Liſez telle & telle Ode, telle & telle Tragédie, que de raiſon ! que de force ! que de délicat & de ſublime ! C'eſt le dernier effort de l'eſprit humain : toute ſa raiſon, toute ſa pénétration ſe bornent là. Cependant, ajoûtez-vous, les Auteurs n'étoient point du nombre de vos Philosophes. Voilà une objection qui impose ; mais souvenez-vous que l'on raisonne en deux manieres. Nous pouvons raisonner à la faveur de la lumiere qui nous éclaire dans nos perceptions, & qui nous découvrant le prix & la nature des objets, nous donne pour regle de nos choix l'Estre parfait lui-même. Nous pouvons raisonner en conséquence des impressions que le cerveau a reçûës, & selon l'ordre de ces impressions. Cette derniere faculté de raisonner ne se rapporte qu'au sensible, elle n'a que l'imagination pour sujet & pour objet. C'est la part de vos Orateurs & de vos Poëtes : quelque sublime qu'ils prennent soin de lui attribuer, elle est partie inférieure & infiniment au dessous de l'intelligence pure qui s'éléve à la lumiere dont elle fait toûjours & sa régle & son flambeau.

Vous trouverez dans cette lumiere la source des sciences sublimes & de perfection : vous trouverez en vous-même la source des Mathématiques, dans vos perceptions rélatives à l'étenduë, dans l'idée de l'étenduë, née avec vous & représentative de la matiere. Mais vous ne trouverez la matiere des plus excellentes Tragédies & de toute la science de bel esprit, que dans les traces du cerveau, dans lesquelles l'esprit du Poëte borne ses jugemens & ses comparaisons. Cette sorte de science tient donc le dernier rang. Mais cela n'empêche pas que le Philosophe ne puisse, comme je vous l'ai fait voir, l'employer avec succés pour l'établissement des véritez essentielles. Je suis, &c.

VI. LETTRE.

De la nature & de l'usage des Mathématiques.

J'Ai toûjours remarqué en vous, Monsieur, un grand goût pour les Mathématiques; mais il me semble que vous n'en distinguez pas assez la nature & l'usage. Elles peuvent beaucoup servir dans le commerce de la vie humaine. C'est par le calcul & les mesures que l'on distingue les saisons, & que l'on marque le temps des révolutions des Planetes : elles déterminent les longitudes & latitudes tant au Ciel, que sur la Terre ; ce qui sert particulierement pour la navigation. Elles déterminent l'action des forces opposées, & le point de leur équilibre : d'où dépend la perfection des machines & la solidité des édifices. Enfin n'y ayant que du plus & du moins dans toutes les parties de la nature corporelle, il faut à tous momens en faire des comparaisons dans les exercices qui regardent le bien du corps : & c'est précisément la science des Mathématiques, dont l'étenduë par conséquent est immense.

C'est pourquoi si vous bornez vos connoissances aux proprietez de la matiere & aux commoditez de la vie sensible ; si vous pensez qu'il n'y ait rien de plus grand, ni de plus utile ; n'étudiez, n'admirez que les Mathématiques : observez les situations des corps céleſtes, meſurez tous les rapports de leurs mouvemens, comparez perpétuellement les forces des différens corps, occupez-vous de leurs maſſes & de leur vîteſſe : appliquez-vous particulierement aux lignes courbes qu'ils décrivent, remarquez-en bien les proprietez : pouſſez juſqu'aux infiniment petits, & ne marchez jamais ſans un crayon & un compas, pour tracer dans l'occaſion les objets de vôtre eſprit. Souvenez-vous ſeulement que pour être recherché du public, & obtenir ſon eſtime, il faut lui préparer des choſes ou commodes ou agréables. Ce Public eſt un aſſemblage d'hommes curieux & intéreſſez, qui en reviennent toûjours à ce qui flatte les ſens. Vous aurez beau élever vos ſpéculations au deſſus de tous les ouvrages de l'art, & en faire la régle de ce qui part de plus merveilleux de la main des ouvriers, l'on préferera toujours à vos plus exactes démonſtrations, à vôtre calcul & à vos lignes ce qu'un excellent ouvrier travaillera de génie, ſans barboüiller sur le papier ni sur l'ardoise. Ce seront vos régles que l'ouvrier aura suivies sans en pouvoir discourir ; mais dans la vie humaine le point est de suivre ces régles, elles ne sont dans la simple spéculation qu'un amusement à l'esprit : elles le laissent toûjours dans la disette & dans la stérilité.

Mais si vous voulez connoître ce que vous êtes, vous occuper pour vous-même & pour vôtre perfection, découvrir vos véritables rapports, n'être point la dupe du préjugé, toûjours discerner le vrai d'avec le faux, le juste d'avec l'injuste, laissez ce qui appartient à la matiere, ce qui n'est que situations & figures comparées les unes aux autres, élevez-vous au dessus de l'étenduë, de tout ce qui regarde le corps ; une vaste lumiere se presentera à vous, vôtre attention vous y fera puiser ; sous sa direction vous entrerez dans les voyes de la science, vous trouverez le bonheur solide. Pensez-vous que cette disposition vaille bien la facilité de comparer des lignes & de calculer ?

Vous prétendez que l'une doit servir à l'autre, & que les Mathématiques donnent à l'esprit la justesse nécessaire dans toutes les autres sciences: permettez-moi de vous dire que vous êtes dans l'erreur. La Dialectique est ce qui rend l'esprit juste. Si les Mathématiciens ont de l'exactitude dans leurs calculs & dans tous les rapports qu'ils comparent, ils la doivent à la Dialectique, selon les régles de laquelle ils posent des axiômes, définissent leurs termes, & forment des propositions sans fin, qui dépendent les unes des autres: mais ce sont des axiômes & des définitions qui ne regardent que l'étendue. Les autres sciences ont de même leurs axiômes & leurs définitions propres qui n'ont rien de commun avec les notions de la Géometrie.

Vous aurez beaucoup de disposition par les Mathématiques à vous connoître en édifices, en machines, en proportions sensibles; mais elles se borneront là. Pour discerner la vraie d'avec la fausse politique, les bonnes d'avec les mauvaises loix, tout ce qui appartient à la morale, elles ne vous serviront de rien. Ce qui est si vrai, qu'ordinairement les Mathématiciens ne trouvent du vrai & du faux qu'autant qu'ils trouvent où mesurer par des lignes & par des nombres.

Ainsi je vous dis encore, que pour parvenir aux sciences sublimes & essentielles, vous devez munir vôtre esprit des notions qui en sont les premiers principes ; le munir, dis-je, par l'attention à la lumiere universelle des Intelligences. De ces notions vous tirerez des conséquences comme font les Géométres par rapport à leur objet : vous garderez comme eux les régles de la Dialectique. Voilà l'esprit géométre que vous devez souhaiter.

Les Mathématiciens qui n'ont point eu de préjugé à combattre, ont mieux suivi ces mêmes régles dans l'étude de leur science, que les autres sçavans qui par-tout ont trouvé la nature corrompuë en leur chemin. Ce

succés

succés des Mathématiciens les a fait regarder les uns des autres comme les auteurs des raisonnemens exacts ; mais il ne s'ensuit pas que la Dialectique ne soit que pour eux : vous la trouverez en vous-même par l'application de vôtre esprit à la lumiere qui vous est communiquée, & en comparant ce que vous dicte cette lumiere avec les expériences de la vie.

Pendant que vous étiez enfant, & dans l'impuissance de vous opposer au préjugé, vous avez dû par l'usage de la régle & du compas vous accoûtumer à vous rendre attentif. Car toute l'exactitude des sciences depend de l'attention. Mais aujourd'hui vous n'êtes pas un enfant, & on ne vous invite pas à mesurer & calculer ce qui se passe dans la nature corporelle ; vous pouvez rompre ses barrieres, & élevé au dessus du sensible considerer ce que chaque bien est en lui-même, & vos rapports essentiels ; vous le pouvez, & vous êtes coupable si vous ne le faites pas.

Vous craignez que cette contemplation ne suffise pas pour vous occuper. Croyez-moi, elle vous menera plus loin que les Mathématiques, & elle vous remplira d'une joye si solide, que vous regretterez tout le temps que vous n'y aurez pas employé.

Comme un des emplois de l'ame est de travailler pour la conservation du corps, il ne se peut qu'elle ne goûte quelque douceur en avançant dans les Mathématiques qui ont pour fin la vie purement corporelle : mais comme ce rapport de l'ame au corps est infiniment inférieur au rapport qui est entre elle & le Créateur, elle goûte aussi des douceurs infiniment plus grandes à consulter la lumiere qui lui découvre les voyes de la perfection ; & assurément elle n'a pas besoin de Mathématiques pour se faire des idées justes quand cette lumiere la dirige.

Je ne sçai pas quel usage vous ferez de cette Lettre ; mais vous devez juger que je l'ai écrite dans un entier desinteressement. Je n'ai aucunement prétendu rabaisser les Mathématiques, mais seulement en marquer la juste valeur. Car comme il est ridicule de mépriser aucune science, il y a danger aussi d'estimer l'une ou l'autre plus qu'elles ne valent. Vous m'en direz vôtre sentiment. Je suis, &c.

VII. LETTRE.

Sur le même sujet.

J'Ai déja répondu par avance, Monsieur, aux objections que vous me faites en faveur des Mathématiques. Vous en faites la véritable Dialectique, & il n'y a qu'elles selon vous qui puissent nous donner accés aux autres Sciences : c'est que vous confondez toûjours la connoissance des rapports des lignes & des nombres avec l'esprit dialectique en général.

Sans l'esprit dialectique, c'est-à-dire, sans l'esprit de clarté, d'exactitude & de précision, il n'y a point de progrés à esperer dans les Sciences. Cela est certain ; mais on peut acquerir cet esprit sans comparer ni des nombres ni des lignes, du moins sans en faire une étude, & prenant seulement pour exemple ce qu'il y a de plus commun & de connu de tout le monde.

Quand il s'agit de l'étenduë ou matiere, l'esprit dialectique dépend de l'attention aux idées de figures & de mouvemens : mais quand il s'agit du gouvernement & de la conduite de la vie, il dépend de l'attention à la lumiere qui nous est communiquée à tous pour nôtre perfection. Toutes les idées qui se rapportent à la matiere, sont en nous-mêmes, & point différentes de l'ame ; elles ne regardent que la vie corporelle : mais la lumiere qui tend à nous rendre parfaits, est hors de nous ; elle ne se prête à l'esprit que pour la vie intellectuelle. Ainsi l'esprit géométre qui s'attache aux nombres & aux lignes, n'a rien de commun avec l'esprit de clarté qui s'attache aux sciences de perfection. Ce qui est nécessaire pour l'un & pour l'autre, c'est une exacte Dialectique, qui consiste à discerner les idées distinctes d'avec les idées confuses, & à distinguer exactement les termes qui les expriment ; à ne joindre au sujet que l'attribut qui lui convient, & à trouver un moyen qui fasse appercevoir surement la convenance de l'un & de l'autre : opérations toutes simples, & dans lesquelles l'Auteur de la nature nous conduit comme par la main.

Il est vrai, comme je vous l'ai déja fait remarquer, que les Géométres qui n'ont point été séduits du préjugé, ont parfaitement suivi cet ordre que la raison découvre ; & que ceux qui ont écrit des qualitez des substances, & des régles de la vie, l'ont mal suivi : mais on peut en revenant sur ses pas retrouver ce même ordre & le suivre ; il n'est point nécessaire pour y parvenir, d'avoir recours aux Géométres. Cet ordre étoit avant eux : ils ont pû le suivre pour prouver les rapports des lignes & des nombres ; nous le suivrons de même, si nous voulons, pour établir les fondemens de la vie raisonnable ; ils ont leurs idées d'étenduë, nous avons les nôtres de perfection : nous pouvons les uns & les autres mettre nos idées en œuvre : ils peuvent puiser dans leurs propres perceptions, dans l'idée de l'étenduë, née avec eux ; nous pouvons puiser dans la lumiere universelle des esprits qui subsistoit avant le monde, & qui ne s'éteindra jamais.

Ainsi ne dites plus que les bons livres de Morale & de Politique, de Critique & d'Eloquence doivent l'ordre & la précision que nous y trouvons, à la Géometrie de leurs Auteurs. Ils pouvoient être Géométres ces Auteurs ; mais ce fut par la clarté de leurs idées & par la Dialectique, qu'ils mirent de l'ordre & de la précision dans leurs livres : la Géométrie n'a que faire là.

L'exactitude à comparer des lignes & des nombres *plie*, pour ainsi dire, l'esprit au *vrai* ; mais c'est au *vrai* qui regarde la matiere : ce *vrai* n'a rien de commun avec le *vrai* qui regarde là perfection. Les véritez s'éclaircissent les unes par les autres ; mais ce sont les véritez d'un même ordre, celles qui ne sont que des rapports de lignes, n'atteignent point à celles d'où dépend la sagesse des esprits ; les unes & les autres sont de deux ordres trop différens. Les Mathématiques nous rendent le *vrai* familier ; mais encore une fois c'est le *vrai* numérique & géométrique : le *vrai* métaphysique n'est pas de leur ressort, il est trop au dessus d'elles. L'on ne reconnoît cette derniere espece de vrai *au premier coup d'œil & presque par instinct*, que par l'habitude de s'élever au dessus de soi-même, qu'aprés avoir bien connu les substances, & s'être rendu familiers les rapports qu'elles ont entre elles.

Ce n'est point parce qu'un Descartes fut Géométre, qu'il devint grand Philosophe ; il fut excellent Géométre, parce qu'il sçavoit raisonner. Qui peut le plus peut le moins ; s'il étoit capable des raisonnemens sublimes, il l'étoit à plus forte raison de ceux qui n'ont que la matiere pour objet : il ſuivit dans les uns & dans les autres la même méthode, mais ſous des directions infiniment différentes. Quand il lui arrivoit de raiſonner mal ſur la Nature ou la Morale, ce n'étoit pas ſa Géométrie qui l'abandonnoit ; c'étoit le préjugé qui le gagnoit, & l'art de raiſonner qu'il négligeoit.

Le charme, dites-vous, que l'on éprouve dans les *ſéches obſervations de l'Algébre*, eſt la plus forte preuve que l'eſprit eſt né pour la vérité : mais l'eſprit n'eſt pas né pour le vrai de l'Algébre. L'inquietude qu'il éprouve dans les voyes de l'erreur, marque ſenſiblement que la vérité eſt l'objet qu'il doit uniquement embraſſer : la douceur qu'il goûte à la découvrir eſt auſſi une preuve qu'il eſt né pour elle ; mais comme c'eſt l'abſence de la vérité de perfection & de juſtice qui met l'ame dans l'inquietude & dans le trouble, il n'y a auſſi que la preſence de la même vérité qui lui donne une joye ſolide. Ainſi ce *charme* qu'éprouvent

prouvent vos hommes d'Algébre, pourroit bien être de ceux qu'éprouvent les curieux d'étymologies; quand ils ont pû remonter jusqu'à la source d'un mot, ils se trouvent alors dans une tres-sensible satisfaction. Ce n'est pas apparemment de ces joyes-là que vous cherchez.

Vous ajoûtez qu'à ne prendre les hommes que dans l'état naturel, rien ne leur est plus utile que la connoissance des Arts d'où dépend la conservation de la vie. Mais à les prendre dans l'état de la grace, où nous vivons, est-ce encore la même chose ? Dans l'état purement naturel aurions-nous un plus grand interêt que de nous connoître nous-mêmes, & de suivre la lumiere du Créateur ? Les Arts sont nécessaires à la vie, mais c'est à la vie corporelle; la vie de l'ame, que nous ne pouvons trouver que dans les véritez essentielles de justice & de perfection, est, ce me semble, préferable & capable de nous occuper. D'ailleurs la nécessité des Arts ne rend pas nécessaires les *observations séches de l'Algébre.* L'on a beau dire que toutes les découvertes qui paroissent stériles, ne le sont pas; que plusieurs ne le sont que pour un temps; & que ce qui n'a semblé qu'un jeu d'esprit, vient quelquefois à produire de grandes commoditez : un seul exemple pour le prouver ne suffit pas; elles sont presque toûjours stériles. Cela suffit pour donner aux ouvriers qui travaillent de génie, un avantage infini au dessus des simples spéculatifs.

J'avouë que l'usage des *observations séches de l'Algébre* devroit être d'accoûtumer l'esprit à vaincre la légereté ordinaire aux hommes de juger sans connoître, & de lui donner l'habitude de n'admettre que ce qu'il auroit clairement compris. Mais nous avons l'expérience d'effets contraires. Nous voyons trop souvent des observateurs qui jugent de tout, & qui reçoivent tout comme le commun des hommes : leur attention les abandonne, quand il ne s'agit plus ni de lignes ni de nombres : nous voyons même qu'ils négligent assez ce qui ne s'exprime ni par des nombres ni par des lignes, ou qu'ils veulent y assujettir ce qui ne peut être représenté aux sens. Je vous en ai averti.

Cette disposition ne se trouve pas dans ceux que l'éducation & l'étude ont élevez au dessus des préjugez populaires, & munis des grandes notions, d'où dépend la perfection de l'esprit. Mais observez nos jeunes Mathématiciens, & jugez s'ils s'interessent fort pour les veritez capitales, ou s'ils veulent connoître autre chose que la matiere & les rapports de ses parties & de ses mouvemens.

Le remede à cette prévention est de ne point trop donner aux enfans le goût des Mathématiques, & de ne leur en faire apprendre qu'autant que ce qu'ils doivent sçavoir de Physique le demande, & pour les accoûtumer à se rendre attentifs dans tout ce qui regarde la vie humaine & raisonnable. Elles seront assez poussées par ceux que le Public en a chargez, & que leur génie y entraîne. Pendant qu'ils s'exercent sur la matiere, exerçons-nous sur la lumiere qui nous invite à la perfection ; cherchons sous sa direction ce qui fait le bon citoyen, le bon ami, le bon pere de famille ; cherchons le prix de chaque chose, & ce qui rend l'homme juste. De cette méditation dépend le bonheur de la vie.

Il ne vous reste, ce me semble, à m'opposer que l'autorité de Platon, qui écrivit à l'entrée de son Académie, que personne n'y entrât sans être Géometre. Mais ou Platon ne parloit qu'à ceux qui vouloient être simplement Physiciens ; ou par *Géométrie* il entendoit l'esprit dialectique dont les Géométres ont fait usage dans leur science ; ou en un mot, Platon ne sçavoit pas trop bien ce qu'il disoit. Vous voudrez bien me permettre cette liberté philosophique. Je suis, &c.

VIII. LETTRE

Sur l'objet des Géométres, & sur celui des Philosophes.

IL faut que je me défende, Monsieur, sur le reproche que vous me faites. J'ai bien changé, dites-vous. Aprés avoir soûtenu tant de fois, que la substance même de l'Estre parfait étoit la source où les Mathématiciens puisoient, je fais entendre aujourd'hui qu'ils tirent tout de leurs propres perceptions, & que la lumiere ne les conduit point dans leur science. Ils voyent pourtant bien clair, ajoûtez-vous ; & s'il n'y a de lumiere qu'en Dieu, il faut que ce soit la lumiere de Dieu même qui les éclaire : ce qui est une bonne preuve de la nécessité des Mathématiques pour l'acquisition des autres Sciences.

Je répons 1°. que vous poussez ici l'opinion des Mathématiques à l'excés. Si la lumiere divine éclaire l'esprit dans la Géométrie, elle le conduit à plus forte raison dans l'étude de la Morale & de la sagesse. Et comme il n'est pas nécessaire de sçavoir la Morale pour devenir Mathématicien, il n'y a nulle liaison aussi des Mathématiques avec la Morale qui a ses principes simples & distincts, comme la Géométrie a les siens.

2°. Que j'ai eu tort d'imaginer la substance de Dieu comme étenduë & representative de la matiere. Je n'y avois pas fait assez de réflexion. Où en serions-nous si nous appercevions les proprietez de l'étenduë, & l'Estre parfait lui-même dans une même substance ? Voici comme je m'explique presentement.

Nôtre ame a deux rapports ; l'un à l'Estre parfait, qui est son Auteur ; l'autre au corps qu'elle doit conserver. Pendant qu'elle suit le premier rapport, elle est sous la direction de la lumiere naturelle, qui lui découvre la régle des mœurs & les voyes de la sagesse. Pendant qu'elle s'applique à la conservation de la vie corporelle & sensible, elle n'est dirigée que par ses propres perceptions rélatives à la matiere : sa lumiere est dans ses perceptions, lumiere ténébreuse comparée avec celle que nous pouvons contempler pour nous rendre parfaits ; mais assez bonne par rapport à ce qui est purement corporel. C'est une suite naturelle de la subordination des substances. Dieu est au-dessus de l'ame : il faut que dans ce qui la regarde essentiellement, elle soit conduite par la lumiere de Dieu même ; elle ne peut trouver l'Estre parfait, & en faire son modéle, qu'à la faveur de la lumiere de l'Estre parfait. L'ame est au-dessus du corps, & destinée à le conduire ; elle doit trouver en elle-même dequoi connoître le corps, & tout ce qui convient au corps. Ainsi toute la clarté de la science des Mathématiciens est dans l'exactitude du rapport de leurs perceptions à la divisibilité de la matiere, dont ils ont une idée ou perception innée & générale : perception qui dure autant que l'union de l'ame avec le corps, & qui est comme le fonds où ils travaillent par l'attention. C'est-là qu'ils trouvent les nombres, toutes les quantitez & leurs rapports; les quantitez, en concevant des lignes & des surfaces; les nombres, en concevant des quantitez doubles, triples, décuples les unes des autres.

Enfin tout est profane dans les Mathématiques; elles n'ont pour objet ou que la satisfaction d'une vaine curiosité, ou que des arts qui se terminent au bien du corps, & qui trop souvent ne font que servir à l'ambition des hommes: elles ne sont donc point dirigées par la lumiere éternelle. Tout est saint dans cette lumiere; elle ne doit se communiquer à nous que pour nous rendre parfaits. Aussi est-elle l'objet du Philosophe, comme l'étenduë est l'objet du Géométre.

La matiere & les rapports de ses parties ne sont pas un objet digne d'une pure Intelligence, capable de s'unir à l'Estre infiniment parfait. L'ame ne doit donc avoir d'idée permanente de la matiere, qu'autant que ſon état l'oblige à travailler pour un corps. Vous verrez toutes ces queſtions dans un Traité fait exprés.

Je m'étois engagé dans un ſentiment contraire ſur des raiſons apparentes, & par la foibleſſe de celles qu'on y oppoſoit. Je trouvois du ſublime à conſidérer une correſpondance perpétuelle de l'action d'une étenduë divine ſur mon ame, à l'action d'une étenduë matérielle ſur mes organes. J'étois charmé de me repreſenter mon ame comme immédiatement unie à un corps intelligible & immortel dans une ſubſtance éternelle. Jugez juſqu'où l'on peut pouſſer la ſpéculation ſur ce plan. J'étois content de trouver par-tout l'Eſtre univerſel ſous toutes ſortes de formes intelligibles, & de penſer que c'étoit l'union de ces formes & de mon ame dans mes perceptions, qui faiſoit tous les biens & tous les maux de ma vie. J'en parle même encore avec plaiſir. Mais qu'il y a de différence entre ce qui plaît à l'imagination, & ce qui eſt vrai à l'eſprit ! J'eſpere qu'un jour vous en ſerez un bon témoin. Je ſuis, &c.

IX. LETTRE.

De la nature & de l'uſage de la Peinture, de la Poëſie, & de la Muſique.

IL faut, Monſieur, puiſque vous le ſouhaitez encore, que je vous diſe ce que je penſe des beaux Arts, principalement de la Peinture, de la Poëſie & de la Muſique, dont vous dites que les hommes paroiſſent enchantez. Pour juger du prix d'un objet, il ne faut pas conſidérer s'il enchante les hommes ; il faut le conſidérer en lui-même, & chercher à quoi il peut aboutir.

La Peinture, la Poëſie & la Muſique coulent d'une même ſource ; elles ont les mêmes fondemens, elles ont une même fin. Le Peintre forme des images par le pinceau, le Muſicien réveille celles du cerveau par la voix, le Poëte les exprime par la parole. Ces expreſſions extérieures ſuppoſent d'une part des images archétypes reçûës par l'impreſſion de tout ce qui frappe les organes des ſens; & de l'autre, une infinité de perceptions dans l'ame rélatives à ces mêmes images.

Un bon Peintre a le cerveau d'une trempe heureuſe, les fibres en ſont ſi déliées & ſi pliantes, qu'elles reçoivent & retiennent l'impreſſion de tous les traits d'un objet extérieur dans toutes ſes circonſtances. En conſéquence de tant d'impreſſions, l'ame eſt comme ſaiſie d'autant de perceptions rélatives à tous ces traits. Ces mêmes perceptions ſont réciproquement accompagnées d'un mouvement d'eſprits qui rayonnent autour de l'image formée dans le cerveau, & qui ſe répandant vivement depuis cette même image juſqu'aux extrémitez des doigts du Peintre, remuënt le pinceau d'une maniere propre à former une autre image parfaitement rélative à celle d'où ils sont partis.

Il ne manque au Poëte que l'usage du pinceau pour faire tout ce que fait le Peintre. Ce sont mêmes impressions dans le cerveau, mêmes saillies, mêmes mouvemens d'esprits qui se répandent dans les organes de la voix, & y forment les paroles, ausquelles nous avons attaché nos perceptions rélatives aux traits & aux situations de chaque objet extérieur : ses paroles prononcées ou écrites font sur le cerveau le même effet que les tableaux. Il sçait même, en renouvellant les traces dêja formées dans son cerveau, representer par les assemblages qu'il en fait, des objets qui ne se trouvent point dans la nature extérieure. Le torrent impétueux des esprits dont son cerveau est agité, lui fait faire ces assemblages ; & l'expression qu'il en fait au dehors par ses paroles, fournit encore au Peintre dequoi enrichir son Art.

Le Musicien n'ayant reçu que par l'oreille les impressions d'où dépend le sien, fait des images à sa maniere.

Les cris de joye, d'admiration, de crainte, de douleur, d'accablement ont frappé ſon cerveau : le langage de l'amour, de la haine, de l'indifférence, de la fureur, de la triſteſſe, de la langueur en ont fléchi les fibres : ſon ame émûë ſelon les loix de l'union qu'elle a avec le corps, fait prendre aux eſprits en conſéquence de ſes émotions, de nouveaux mouvemens ; & par les tremouſſemens qu'ils reçoivent dans les organes de la voix, ils y forment les differens tons de la Muſique. Le Muſicien n'a qu'à mettre dans ces mêmes tons les rapports que l'expérience lui a appris s'accommoder avec l'oreille. Aprés cela il ne manque jamais d'exciter dans les autres les mêmes émotions qu'il éprouve en lui-même : il peint, pour ainſi dire, les paſſions, & les fait naître des tons qu'il a meſurez.

Voilà d'où dépend le charme de vos Arts enchanteurs. L'ame y eſt en effet toute occupée de ce qui touche les ſens, de ce qui les réveille & les anime ; elle ne regarde que la nature corporelle & les ſenſations qui s'y rapportent. Si elle raiſonne, c'eſt uniquement ſur les traces regnantes dans le cerveau, & en comparant enſemble des perceptions uniquement rélatives au corps, ſelon les expériences qu'elle a de ce qui émeut les affections. Habile eſt celui qui fait ces comparaiſons exactement & dans toutes les circonſtances que la nature preſente aux ſens. Un Peintre, un Poëte, ou un Muſicien, dont le cerveau eſt dur & remué d'eſprits groſſiers, les fait mal; n'attrapant que ce que la nature a de moins fin, il ne fait que des images qu'on mépriſe.

Mais quelque excellent qu'il ſoit, les raiſonnemens qu'il fait dans l'exercice de ſon Art, ſont deſtituez de lumiere; il eſt plongé dans l'imagination, livré à ce qu'on appelle phantômes; il n'a pour guide que ſes perceptions rélatives aux objets qu'il retrace.

Cependant comme dans l'ordre naturel l'Imagination eſt la ſervante de la Raiſon, des Tableaux & une Muſique peuvent auſſi amuſer innocemment la ſenſibilité naturelle, pendant que des véritez ſalutaires pénétrent juſqu'à l'intelligence, & ſoûmettent l'ame à la lumiere d'où elles émanent : il ne faut pour ce bon effet que des diſpoſitions intérieures que la Foi & la Charité produiſent.

En général la Muſique, même la plus autoriſée, eſt un écueil. Ses modulations & ſes conſonances réveillent indifferemment par elles-mêmes les affections pour les vrais & pour les faux biens : mais des ames déja enchantées par le commerce de la vie, ne manquent gueres de rapporter leurs émotions à ce qui eſt purement ſenſible. Le Muſicien a interêt de s'accommoder à cette diſpoſition générale : auſſi ne penſe-t-il dans ſes accords qu'à flater les ſens, & à paſſionner les cœurs ; & ils ſuivent toûjours ſon deſir.

Un Poëte aura voulu ſpiritualiſer ſa Poëſie, ne penſez pas qu'il tienne ferme dans le myſtique ou le moral qu'il a entamé : il n'y donne que du brillant, & rentre aussi-tôt dans les fictions, dans le profane & dans la fable : ce qu'il a élevé d'une main, il sçait le détruire de l'autre. Ecoutez le plus délicat & le plus fameux.

a *Pallida mors æquo pulsat pede pauperum tabernas*
Regumque turres, ô beate Sexti !
Vitæ summa brevis spem nos vetat inchoare longam.
Jam te premet nox, fabulæque manes,
Et domus exilis Plutonia ; quò simul meâris,
Nec regna vini sortiere talis.

b *Nec tenerum Lycidam mirabere, quo calet juventus*
Nunc omnis, & mox virgines tepebunt.

c *Integer vitæ scelerisque purus*
Non eget Mauris jaculis, neque arcu,
Nec venenatis . . . . . .

d *Namque me sylvâ lupus in Sabinâ,*
Dum meam canto Lalagen, & ultra

a Hor. lib. 1. Ode 4. *b* Hor. ibid. *c* Hor. lib. 1. Ode 22. *d* Hor. ibid.

Terminum

Terminum curis vagor expeditus,
Fugit inermem.

C'est que l'objet de son Art est de plaire, d'éblouïr, d'enchanter, d'animer les passions ; il en revient toûjours là, & il y réussit toûjours.

Le Peintre suit la même route ; mais sçachant que son Art n'a qu'un langage muet, & ne peut peindre ni les biens ni les maux intérieurs, il veut se dédommager par figures & personnages ; il peint toute la nature visible, & en faveur de la passion la plus flateuse du cœur humain, souvent il expose aux yeux ce qui offense la pudeur : alors il touche vivement, & par-là il remedie à la disette de son pinceau.

Voilà vos Orphées & vos Amphions, vos Anacréons & vos Horaces, vos Phidias & vos Apellés. Vous voyez leur but, leurs principes, leur objet, les effets de leur Art. Jugez si sans danger l'on peut se familiariser avec eux, lorsque l'esprit n'est pas muni des notions lumineuses qui l'élevent au-dessus du sensible.

Dans tous les temps la prospérité des nations a suscité de ces hommes, dont le génie trouve les occasions de se cultiver dans l'abondance publique. Le luxe toûjours de concert avec la sensualité que les temps heureux réveillent, les a élevez ; ils entretiennent la sensualité & le luxe. C'est qu'alors la servante est devenuë la maîtresse, l'imagination a pris l'empire ; & comme dans son usurpation les hommes généralement lui applaudissent, elle pousse aussi de plus en plus sa tyrannie. Mais une telle disposition produit bien-tôt le mépris des Loix & de la Morale ; & de ce mépris quels maux n'arrive-t-il pas ?

Pesez bien ce que la Peinture, la Poësie & la Musique ont de fort & de foible ; lisez-en, si vous le pouvez, tous les ouvrages ; cherchez les causes de ce jeu de cerveau & des émotions qui le suivent. Mais ne soyez ni Peintre, ni Poëte, ni Musicien ; abandonnez le païs de l'imagination à ceux que leur sensibilité entraîne, & qui par leur éducation & les circonstances de leur vie, ne connoissent rien de meilleur. L'imagination doit aux sens tout ce qu'elle est, tout son fonds, toutes ses richesses : qu'elle rende aux sens ce qu'elle en a reçu. Elevez-vous à la lumiere des Intelligences; faites-en vôtre unique objet, & vôtre éternelle directrice. Par-là vous ne serez pas de ce monde, il ne vous jugera propre à rien : mais vous serez à couvert des passions qui le troublent, & qui le déchirent. Par les hautes véritez que le soleil intérieur vous découvrira, vous goûterez des douceurs d'autant plus solides, que le monde dans ses dissipations, & la troupe des faux sçavans sont moins en état de les comprendre. Je suis, &c.

PErmis d'imprimer. Ce 29. Mars 1704.
M. R. DE VOYER D'ARGENSON.

www.ingramcontent.com/pod-product-compliance
Lightning Source LLC
LaVergne TN
LVHW010037230826
846091LV00005B/1748